Intro to molecular Modeling

9/5/23

2-methyl hexane

Cis-2methyl-3-hexene

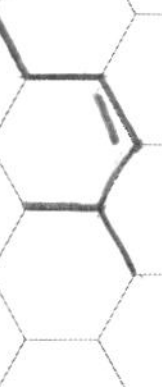

trans. 2-methyl-3-hexene

Grignard rxn

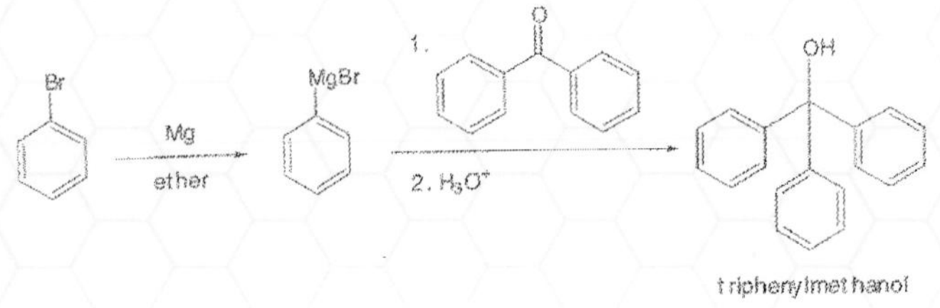

Made in the USA
Monee, IL
10 August 2023

40827901R00111